BEI GRIN MACHT SICH IHR WISSEN BEZAHLT

- Wir veröffentlichen Ihre Hausarbeit,
  Bachelor- und Masterarbeit

- Ihr eigenes eBook und Buch -
  weltweit in allen wichtigen Shops

- Verdienen Sie an jedem Verkauf

Jetzt bei www.GRIN.com hochladen
und kostenlos publizieren

Thomas Kramp

Technologie in Zeit und Raum

Dezentral, Regenerativ und Effizient - das Beispiel der Wasserwirtschaft

GRIN Verlag

Bibliografische Information der Deutschen Nationalbibliothek:

Die Deutsche Bibliothek verzeichnet diese Publikation in der Deutschen National-
bibliografie; detaillierte bibliografische Daten sind im Internet über http://dnb.d-
nb.de/ abrufbar.

Impressum:

Copyright © 2007 GRIN Verlag GmbH
Druck und Bindung: Books on Demand GmbH, Norderstedt Germany
ISBN: 978-3-640-43177-9

Dieses Buch bei GRIN:

http://www.grin.com/de/e-book/134788/technologie-in-zeit-und-raum

Technologie in Zeit und Raum

II

dezentral, regenerativ und effizient

das Beispiel der Wasserwirtschaft

Kramp, Thomas

Diplom Geographie

5. Semester

Mittelseminar Raum- und Umweltplanung

Wintersemester 2006/07

15.11.2006

Inhalt

Abbildungsverzeichnis

Tabellenverzeichnis

1. Einleitung

In der Einleitung soll das Thema genauer bestimmt und erläutert werden. Darauf folgend wird die aktuelle Situation in der Wasserwirtschaft beschrieben. Anschließend wird der Begriff der nachhaltigen Wasserwirtschaft behandelt, um darauf aufbauend, im Hinblick auf die aktuelle Situation, ein Fazit darüber zu ziehen, ob die Wasserwirtschaft in Deutschland dezentral, regenerativ, effizient und somit auch nachhaltig ist.

Das Beispiel der Wasserwirtschaft ist ein sehr umfangreiches Gebiet, aus diesem Grunde wurde es in zwei Bereiche geteilt, welche sich jeweils auf die Wasserwirtschaft des Umlands bzw. der Stadt konzentrieren werden, in der nachfolgender Belegarbeit soll es hauptsächlich um die großräumige Wasserwirtschaft des Umlandes, am Beispiel der Bundesrepublik Deutschland, gehen.

1.1 Wasserwirtschaft?

Unter Wasserwirtschaft versteht man die Umverteilung des natürlichen Wasserdargebots in Zeit und Raum, gemäß den Bedürfnissen der Gesellschaft nach Wassermenge und Wassergüte. Hierbei handelt es sich um Maßnahmen der Wassernutzung (z.B. Trinkwasser, Bewässerung, Wasserkraft) oder um Schutz vor dem Wasser (z.B. Hochwasser, Vernässung von Böden) (Kahlenborn, Kramer; 1998; S. 1). Damit zählen zur Wasserwirtschaft sowohl Fragen der Wassermengenwirtschaft und der Gewässergüte, wie auch der Gewässermorphologie (ebd.). Wesentliche Aktivitäten der Wasserwirtschaft sind u.a. Wasserversorgung und –entsorgung, Be- und Entwässerungsmaßnahmen in der Landwirtschaft, als auch Maßnahmen zum Hochwasserschutz (Steinberg; 2002; S. 1). Wasserwirtschaft kann daher auch, als die zielbewusste Ordnung aller menschlichen Einflüsse, auf das ober- und unterirdische Wasser, verstanden werden (Ludin; S. 33).

In diesem Licht soll Wasserwirtschaft auch in der folgenden Arbeit betrachtet werden, wobei wie schon in der Einleitung dargelegt, auf Aspekte des Umlandes, d.h. der großräumigen Wasserwirtschaft, ein besonderes Augenmerk gerichtet werden soll.

1.2 effizient?

In der Volkswirtschaftslehre wird ein Prozess als effizient bezeichnet, wenn es keine andere Möglichkeit gibt mit der gleichen oder einer geringeren Inputmenge, eine gleiche oder größere Outputmenge zu produzieren (Ahlert; S. 37). An dieser Definition soll hier auch die Wasserwirtschaft gemessen werden, allerdings nicht in einer rein betriebswirtschaftlichen Weise, d.h. maximale Gewinne bei minimalen Kosten. Der Begriff der Effizienz soll vielmehr auch auf Bereiche wie die Nutzung des Wasserdargebotes, d.h. Nutzenmaximierung bei minimalen Ressourceneinsatz, Anwendung finden. Maßgebliches Effizienzkriterium ist das Verhältnis zwischen Nutzen/Ertrag und Aufwand (Kluge; Berlin; 2005; S. 13), wobei der Aufwand auch die Beeinträchtigung oder der Verbrauch einer natürlichen Ressource (Kluge; Berlin; 2005; S. 42) sein kann. Es wird somit nicht nur die ökonomische Effizienz, sondern auch die ökologische Effizienz betrachtet.

1.3 regenerativ?

Dem Wesen der Bedeutung des Wortes regenerativ bzw. Regeneration, für wiedergewinnend oder Wiederauffrischung, entsprechend, wird eine effiziente, dezentrale und regenerative Wasserwirtschaft im Weiteren, im Sinne der Nachhaltigkeit betrachtet denn Nachhaltigkeit bedeutet die Bedürfnisse der Gegenwart zu befriedigen, ohne dass nachfolgende Generationen ihre eigenen Bedürfnisse nicht mehr befriedigen können (Steinberg; Berlin; 2002; S. 3). Auch die Enquete-Kommission des Bundestages stellte einen Zusammenhang zwischen Regeneration und nachhaltiger Entwicklung her (ebd.; S. 6), denn natürliche Ressourcen können in ihrer Verfügbarkeit nicht geändert werden, sie müssen so genutzt werden, dass sie sich immer wieder regenerieren, d.h. nachbilden können (Umweltbundesamt; Berlin; 2001; S. 6). Effizienz und Dezentralität finden ebenfalls als Ressourcenminimierungs- und Regionalitätsprinzip Eingang in das Leitbild der Nachhaltigkeit (Kahlenborn; Berlin; 1998; S. 4).

2. wasserwirtschaftliche Gegebenheiten

Unter wasserwirtschaftlichen Gegebenheiten sind grundsätzliche Umstände zu verstehen, welche bspw. durch das Klima und die geographische Lage bestimmt sind oder die momentane Situation der Wasserwirtschaft beschreiben. Einige verdienen, insbesondere im Hinblick auf eine nachhaltige Wasserwirtschaft, Beachtung, da es sich z.T. um Tatsachen handelt, welche nicht ohne weiteres revidierbar sind. In erster Linie geht es hier aber um eine Bestandsaufnahme, um die Situation der Wasserwirtschaft bewerten zu können.

2.1 natürliche Bedingungen

Ohne näher darauf einzugehen, soll hier für die deutsche Wasserwirtschaft, eine kurze Beschreibung der naturgegebenen Ausgangslage erfolgen, da natürlichen Gegebenheiten, wie das Klima, die Grundlage der Wasserwirtschaft bilden und diese maßgeblich beeinflussen.

Deutschland hat, aufgrund seiner Lage in der gemäßigten humiden Klimazone (BMU; Berlin; 2006; S. 7), für die häufige Wetterwechsel und Niederschläge, zu allen Jahreszeiten charakteristisch sind (ebd.), eine mittlere jährliche Niederschlagshöhe von 789 mm (ebd.), wobei die Niederschlagsmengen regional stark schwanken (ebd.).

Das Landschaftsbild der Bundesrepublik wird wesentlich von oberirdischen Gewässern geprägt (ebd.; S.10), obwohl Wasserflächen mit 2,3% (ebd.; S. 7) einen eher geringen Anteil an der Gesamtfläche Deutschlands haben.

Sechs große Stromsysteme durchziehen die Bundesrepublik hin zu verschiedenen Küstenregionen (ebd.). Die Flüsse Rhein, Weser, Ems und Elbe münden in die Nordsee (ebd.), die Oder fließt zur Ostsee hin (ebd.) und die Donau zum Schwarzen Meer (ebd.). Die Stromsysteme sind zum Teil durch schiffbare Kanäle miteinander verbunden (ebd.) und bilden teilweise die Grundlage für die Einteilung der Oberflächengewässer in Flussgebietseinheiten nach der EU-Wasserrahmenrichtlinie.

Seen und zusammenhängende Seengebiete finden sich vorwiegend im Norddeutschen Tiefland (ebd.; S. 10) und im Alpenraum (ebd.). So schließt die Landschaft des süddeutschen Alpenvorlandes große Seen mit ein (ebd.) und geht nach Süden in die Hochalpen mit ihren zahlreichen Gebirgsseen über (ebd.).

Trotz eines insgesamt ausreichenden Wasserdargebotes (ebd.; S. 60), gibt es auch in Deutschland Wassermangelgebiete mit geringen nutzbaren Grundwasservorkommen (ebd.), dies trifft vor allem auf Ballungsgebieten zu, wo der Wasserbedarf das Angebot übersteigt (ebd.). Der Ausgleich zwischen solchen Wassermangelgebieten und Wasserüberschussgebieten erfolgt durch Fernwasserleitungen (ebd.).

2.2 Wasserdargebot & Wasserbedarf

Mit einem verfügbaren Wasserdargebot von 188 Mrd. m³ (BMU; Berlin; 2006; S. 10) zählt Deutschland zu den wasserreichen Ländern. Diese Zahl gibt die Menge von nutzbarem Grund- und Oberflächenwasser an (ebd.). Es handelt sich hierbei um eine bilanzierte Größe, welche sich u.a. aus der Niederschlags- und Verdunstungsmenge und der Zu- und Abflussbilanz ergibt (ebd.).

Der Anteil der Oberflächengewässer an der Wasserversorgung liegt bei weniger als 10% der mittleren Abflussmenge (Umweltbundesamt; Berlin; 2001; S. 10) und könnte noch weiter erhöht werden (ebd.). Das Grundwasser wird dagegen wesentlich stärker genutzt, so wird rund ein Drittel des in Deutschland verfügbaren Grundwassers für die Versorgung verwendet (ebd.). Dieser Anteil lässt sich, ohne spürbare Nachteile, auch nicht weiter erhöhen (ebd.), ein Umstand der besonders unter den Blickpunkt einer nachhaltigen bzw. regenerativen Wasserwirtschaft Beachtung verdient.

2001 wurden insgesamt 38 Mrd. m³ Wasser (BMU; Berlin; 2006; S. 60) entnommen. Den größten Anteil an der Nutzung des Wasserdargebotes haben, wie aus der untenstehenden Abbildung ersichtlich, Wärmekraftwerke, wobei mit 79,8% der weitaus größte Teil des verfügbaren Wassers ungenutzt bleibt.

Abbildung 1: Wasserdargebot und Wasserbedarf in Deutschland

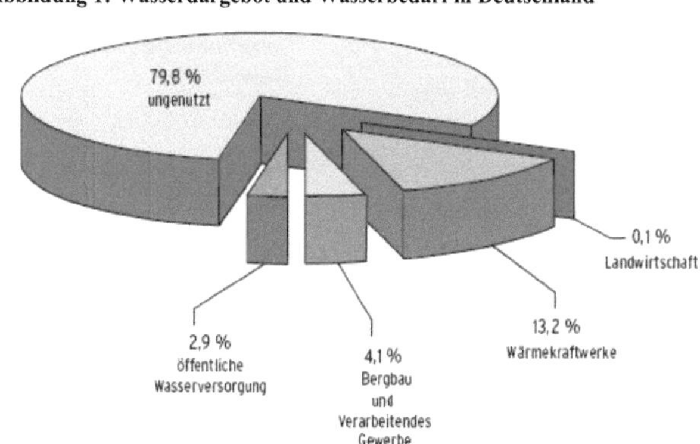

(BMU; Berlin; 2006; S. 11)

Trinkwasser macht mit 2,9% einen vergleichsweise geringen Teil der Wassernutzung aus, sodass durch diese Nutzungsform keine mengenmäßige Verknappung der Ressource zu befürchten ist (Kluge; Berlin; 2003; S. 34). Jedoch gibt es, wie bereits unter 2.1 angesprochen, regionale Unterschiede (ebd.), d.h. Wassermangelgebiete oder Regionen mit großer Nachfrage bzw. qualitativ schlechten Rohwasservorräten (ebd.). Diese Unterschiede müssen mittels Fernwasserversorgung aus den Wasserüberschussgebieten ausgeglichen werden (ebd.).

Der Bedarf von Wärmekraftwerken, Bergbau und verarbeitendes Gewerbe wird zum größten Teil aus den Oberflächengewässern gedeckt (BMU; Berlin; 2006; S. 60). Beispielsweise stammen 99% (ebd.) des Kühlwassers der Kraftwerke aus Flüssen bzw. Seen, bei einer Nutzung von 10% der Oberflächengewässer (Umweltbundesamt; Berlin; 2001; S. 10), stellen auch diese Entnahmen keine Gefahr für die Wasserversorgung dar. Allerdings ist anzumerken, dass der Bedarf in allen Bereichen seit 1991, z.T. sehr deutlich zurückgegangen ist (ebd.). In erster Linie wird dieses auf eine effektivere und sparsamere Nutzung des gewonnenen Wassers zurückgeführt (ebd.). Erreicht wird dieses u.a. durch den Einsatz von Kreislaufsystemen, welche eine mehrfache Nutzung ermöglichen. Im industriellen Bereich liegt der durchschnittliche Nutzungsfaktor aus Wassereinsatz und tatsächlich genutzter Menge bei 4,9 (ebd.), bei Kraftwerken beträgt er 2,9 (ebd.).

Abbildung 2: gewerblicher Wasserverbrauch

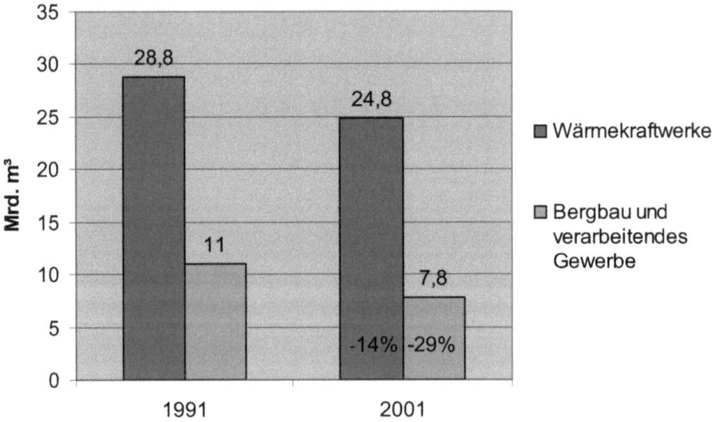

eigener Entwurf nach BMU; Berlin; 2006; S. 60

Inwieweit dieser Rückgang mit dem Niedergang der ostdeutschen Industrie und dem allgemeinen wirtschaftlichen Wandel, hin zu einer Dienstleistungsgesellschaft, zusammenhängt, muss offen bleiben. Sicherlich haben aber auch diese Entwicklungen zum schwindenden Verbrauch beigetragen.

Der Bedarf an Trinkwasser wird zu 74% aus Grund- und Quellwasser gedeckt (ebd.; S. 61), die Grundwasserressourcen sind damit für die Wasserversorgung von Haushalten und Gewerbe am wichtigsten (Kluge; Berlin; 2003; S. 36), dass übrige stammt aus Uferfiltraten und Oberflächengewässern (BMU; Berlin; 2006; S. 61).

Abbildung 3: Trinkwasserherkunft

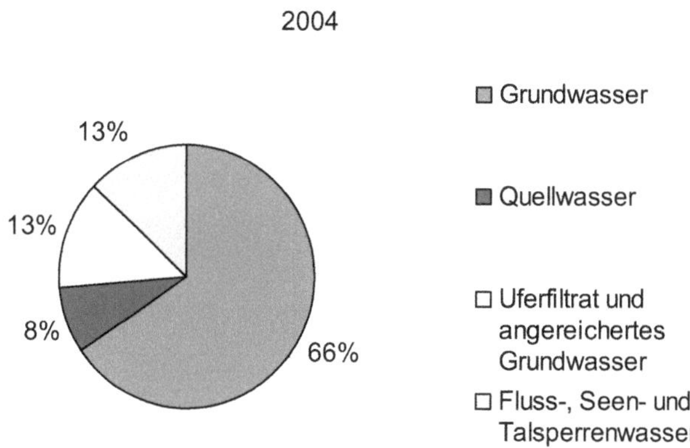

eigener Entwurf nach Statistisches Bundesamt

Wie in der Industrie, ist auch der Trinkverbrauch rückläufig (ebd.). Durchschnittlich verbrauchen die Deutschen jeden Tag pro Kopf 127 Liter Trinkwasser (ebd.), allerdings ist der Verbrauch in den einzelnen Bundesländern sehr unterschiedlich (ebd.).

Abbildung 4: Trinkwasserverbrauch

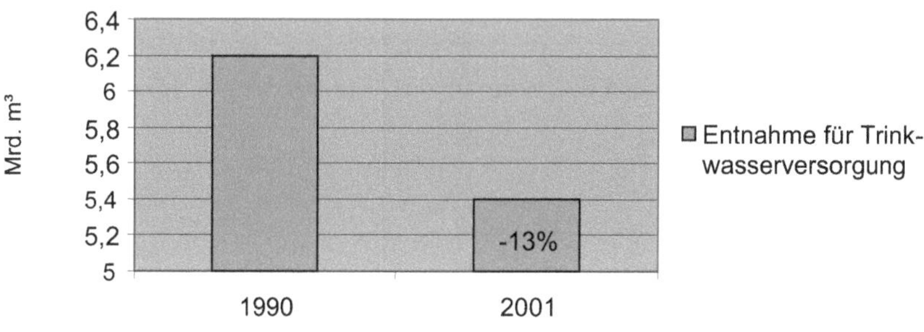

eigener Entwurf nach BMU; Berlin; 2006; S. 61

Abschließend lässt sich somit sagen, dass der Wasserverbrauch in allen Bereichen von einem Rückgang gekennzeichnet ist, Ursachen dafür sind ein verändertes Verbrauchsverhalten und der Einsatz von Wasserspartechniken. Außerdem ist auch die Bedeutung des Grundwasserkörpers für die Trinkwasserversorgung zu beachten.

2.2.1 Wasserdargebot und Klimawandel

Im Hinblick auf den sich abzeichnenden Klimawandel haben Szenarioberechnungen für Deutschland folgendes Bild ergeben.

Die Winterniederschläge könnten bis 2080 um 30% zunehmen (BMU; Berlin; 2006; S. 14), dagegen könnten die Sommerniederschläge um 30 % (ebd.) abnehmen. Es würde somit zu einer Verschiebung der Niederschläge vom Sommer in den Winter kommen (ebd.). Die Starkniederschläge würden vor allem im Winter intensiver und häufiger (ebd.). Durch das veränderte Niederschlagsgeschehen werden die, aus häufigen und intensiven Niederschlägen resultierenden, Hochwasser zunehmen (ebd.; S. 15).

Die deutsche Wasserwirtschaft wird regional stark differenziert von der Klimaänderung betroffen sein (ebd.; S. 14). In Gebieten mit gut durchlässigen Böden wird die Grundwasserneubildung, aufgrund der höheren Winterniederschläge zunehmen (ebd.). Dies führt, trotz geringerer Sommerniederschläger und einer erhöhten potenziellen Verdunstung (ebd.), zu einem höheren Grundwasserdargebot (ebd.). Das Grundwasserdargebot in Regionen mit schlecht durchlässigen Böden und Böden mit geringer Wasserspeicherkapazität wird dagegen zurückgehen (ebd.). Eine Abnahme der Grundwasservorräte wird vor allem in Nord- und Westdeutschland, sowie in Teilen Ostdeutschlands, erwartet (ebd.). Regionale Engpässe, insbesondere bei länger anhaltenden Trockenperioden, sind damit nicht auszuschließen (ebd.). Aufgrund der Tatsache, dass die Grundwasserneubildungsrate die Entnahmemenge bisher in der Regel übersteigt (ebd.), wird es aber in der Bundesrepublik, auch unter geänderten Klimabedingungen, keine grundsätzlichen Probleme mit der Trinkwasserversorgung geben (ebd.).

2.3 Probleme der Wasserwirtschaft

Die Probleme der Wasserwirtschaft im Umland sind sowohl qualitativer, als auch morphologischer Natur. Nachfolgend soll es hauptsächlich um Fragen der Gewässermorphologie und

Verschmutzungen, durch die Landwirtschaft, gehen. Natürlich wird Wasser nicht nur durch Stoffeintrag aus der Landwirtschaft gefährdet, aber Landwirtschaftsflächen haben mit 53% (BMU; Berlin; 2006; S. 7) der Gesamtfläche der Bundesrepublik, die größte räumliche Ausdehnung und somit starken Einfluss auf die großräumige Wasserwirtschaft. Im Rahmen des Planungsprozesses zur Umsetzung der Wasserrahmenrichtlinie (EU-WRRL) zeigte sich, welchen großen Anteil die Landwirtschaft an den bestehenden Belastungen hat (ebd.; S. 87). So sind für die Belastungen des Grundwassers fast ausschließlich diffuse Quellen aus der Landwirtschaft verantwortlich (ebd.). Außerdem gewinnt, mit der immer wirkungsvolleren Abwasseraufbereitungstechnik, welche zu einer Abnahme der Gewässerbelastung aus punktuellen Quellen geführt hat (ebd.; S. 88), die Verschmutzung aus diffusen Quellen, insbesondere landwirtschaftlichen, an Bedeutung (ebd.), da die Einflüsse der viel leichter zu überwachenden punktförmige Schadstoffquellen (Umweltbundesamt; Berlin; 2001; S. 19), wie z.B. kommunale Kläranlagen oder einzelne Betriebe, teilweise deutlich zurückgegangen sind (ebd.). Die folgende Abbildung soll noch einmal die Bedeutung der diffusen landwirtschaftlichen Quellen zeigen.

Abbildung 5: Grundschema zur Quantifizierung der Stoffeinträge in Gewässer

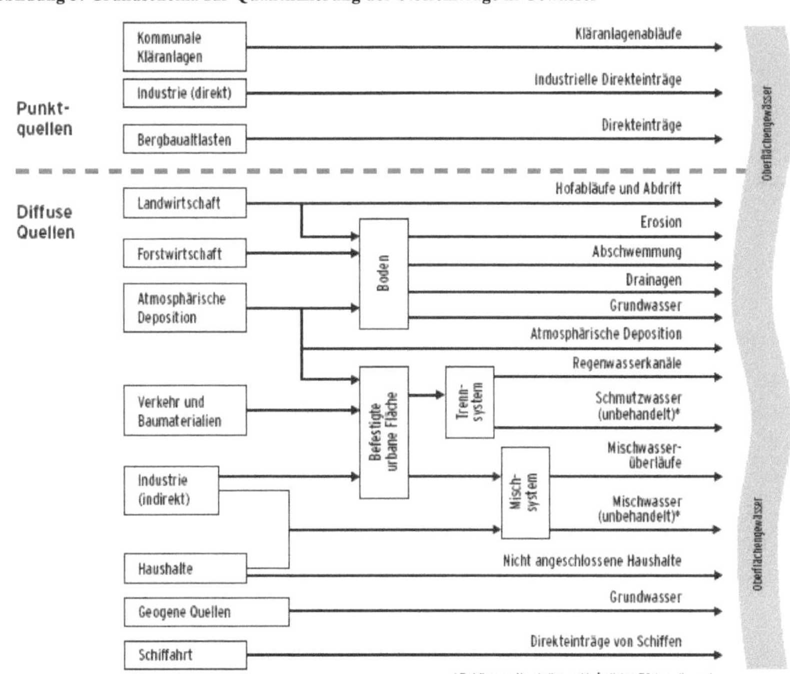

(BMU; Berlin; 2006b; S. 6)

2.3.1. Gewässermorphologie

Die menschliche Einflussnahme auf das Entstehen von Hochwasserereignissen und deren Auswirkungen ist, bspw. durch die Verringerung von natürlichen Überschwemmungsflächen und Versiegelung von Landflächen, groß (BMU; Berlin; 2006; S. 6).

Der Wasserbau hat in den deutschen Gewässern tiefe Spuren hinterlassen (BMU; Bonn; 2006; S. 7). Von den Flüssen und Bächen welche zusammen 400.000 km lang sind (ebd.), ist nur noch ein Fünftel im naturnahen Zustand (ebd.). Die häufigsten Eingriffe waren bzw. sind Lauflängenverkürzungen, Uferverbauung und Stauanlagen (ebd.).

Ursächlich für die veränderte Gewässermorphologie sind, neben den Bedürfnissen der Binnenschifffahrt, die Wassermengenwirtschaft (Kahlenborn, Kramer; 1998; S. 6), mit ihren Aufgaben der Abflussbeschleunigung (ebd.), bspw. zur Entwässerung bzw. Hochwasserableitung und der Abflussverlangsamung, insbesondere bei Stauhaltung (ebd.). Im Gegensatz zur Abflussverlangsamung, welche mehr punktuelle Anwendung findet (ebd.), sind die Maßnahmen der Abflussbeschleunigung ein räumliches Phänomen (ebd.), welches dazu geführt hat, dass das Wasser als Element der Landschaft vielerorts an Bedeutung verloren hat (ebd.), und vielfach aus dem Landschaftsbild verschwunden ist (ebd.).

Die aktuelle Situation in der Gewässermorphologie ist, nachdem bereits viele Gewässer ausgebaut wurden (Kahlenborn, Kramer; 1998; S. 4), von Stagnation, auf hohem Niveau, gekennzeichnet (ebd.). Dieser Stillstand ist, insbesondere bei kleinen Gewässern, weniger ein Zeichen der Entspannung, als vielmehr darauf zurückzuführen, dass bestimmte Nutzungsinteressen nahezu vollständig verwirklicht wurden (ebd.). So wurden die Gewässer in den Kommunen bereits weitestgehend ausgebaut (ebd.). Dagegen setzt sich aber mittlerweile die Erkenntnis durch, dass besonders im Hochwasserschutz eine rein technische Herangehensweise nicht die gewünschten Ergebnisse bringt (ebd.). Daraus resultiert ein Stillstand (ebd.; S. 5), bei der baulichen Behandlung von kleinen Gewässern, welcher aber auch nicht durch die verschiedenen Renaturierungsprogramme überwunden werden kann (ebd.), da deren Umfang nicht für bedeutende Veränderungen ausreicht (ebd.).

Im Gegensatz dazu ist die Gewässermorphologie größerer Gewässer immer noch in anthropogener Veränderung begriffen (ebd.). Ursache hierfür ist die Binnenschifffahrt (ebd.), denn für den Ausbau von Wasserstraßen werden weiterhin jedes Jahr große Summen ausgegeben (ebd.). Verantwortlich hierfür ist die Bundeswasserstraßenverwaltung, welche für den Unterhalt und den Ausbau der Bundeswasserstraßen zuständig ist (BMU; Berlin; 2006; S. 16), und sich hierbei bisher fast ausschließlich auf einen einzigen Nutzerkreis (Kahlenborn, Kramer;

1998; S. 5), eben die Binnenschifffahrt und deren Interessen konzentriert (ebd.). Als Beispiel sei der immer wieder kehrende Streit um den Ausbau der Elbe genannt.

Insgesamt findet der Bereich der Gewässermorphologie in der Wasserwirtschaft erst in den letzten Jahren verstärkte Beachtung, nachdem die, als dringender angesehenen, Probleme auf dem Gebiet der Gewässergüte teilweise gemeistert werden konnten (ebd.). Das führte dazu, dass im Rahmen des Planungsprozesses zur Umsetzung der Wasserrahmenrichtlinie, Schädigungen der Gewässerstruktur, noch vor den Schäden des Schadstoffeintrags, aus diffusen Quellen rangieren (BMU; Berlin; 2006; S. 87).

2.3.2 Landwirtschaft

Bei den Schwermetalleinträgen in Oberflächengewässer beträgt der landwirtschaftliche Anteil durchschnittlich 30% bis 35 % (BMU; Berlin; 2006; S. 88), von den Nährstoffeinträgen in Oberflächengewässer stammten dagegen im Jahr 2000 etwa 60% der Stickstoff- und 50% der Phosphateinträge aus der Landwirtschaft (ebd.).

Ackerflächen dienen nicht nur als Speicher (BMU; Bonn; 2006; S.22), aus ihnen gelangen auch Dünger und Pflanzenschutzmittel in das Wasser (ebd.). So stammt der überwiegende Teil der Pflanzenschutzmittelbelastungen aus der landwirtschaftlichen Anwendung, bzw. aus der damit verbundenen Gerätereinigung (BMU; Berlin; 2006; S. 88).

Besonders negativ hat sich der, bis Ende der 80er Jahre gestiegene, Einsatz von Mineraldünger (ebd.), konzentrierte Viehbestände (ebd.) und der Einsatz von Pflanzenschutzmitteln (ebd.) ausgewirkt.

Zwar wurden 1996, mit dem Erlass der „Verordnung über die Grundsätze der guten fachlichen Praxis beim Düngen" (Düngeverordnung), erste Gegenmaßnahmen ergriffen (ebd.), aufgrund der langen Fließzeiten im Grundwasser (ebd.), hat sich dieses aber noch nicht in nennenswerter Weise ausgewirkt (ebb.). So steigen der Phosphorgehalt, und damit auch der Phosphoraustrag, sogar an (ebd.), da in den Böden ein Überschuss an Phosphor gespeichert ist (ebd.) Diese überzähligen Nährstoffe, welche die Pflanzen nicht mehr aufnehmen können, sickern insbesondere bei Starkregen Ereignissen durch den Boden in das Grundwasser (Umweltbundesamt; Berlin; 2001; S. 20). Umweltschädlich wirken sich diese Phosphate besonders dadurch aus, dass sie das Algenwachstum beschleunigen (ebd.) und zur Eutrophierung beitragen (ebd.; S.22). Die folgenden Abbildungen sollen das eben Beschriebene noch einmal verdeutlichen.

Abbildung 6: Entwicklung des Nährstoffüberschusses in der Landwirtschaft

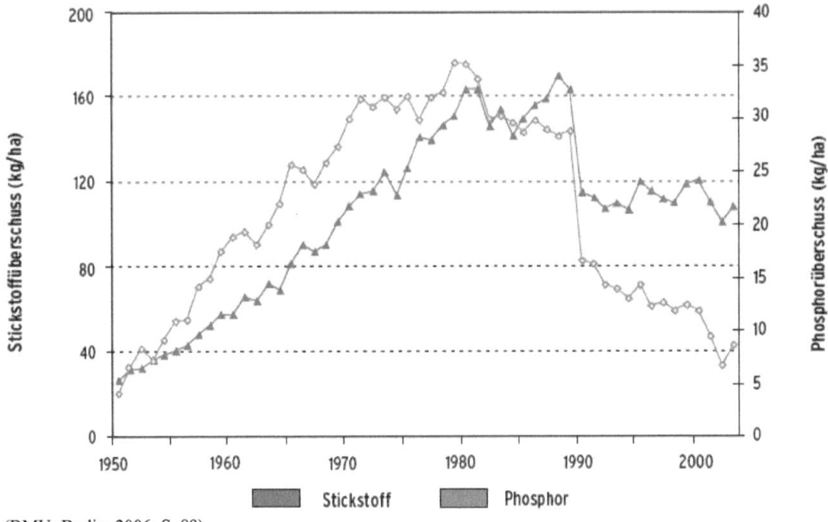

(BMU; Berlin; 2006; S. 89)

Abbildung 7: Stickstoff- und Phosphoremissionen in die Gewässer Deutschlands

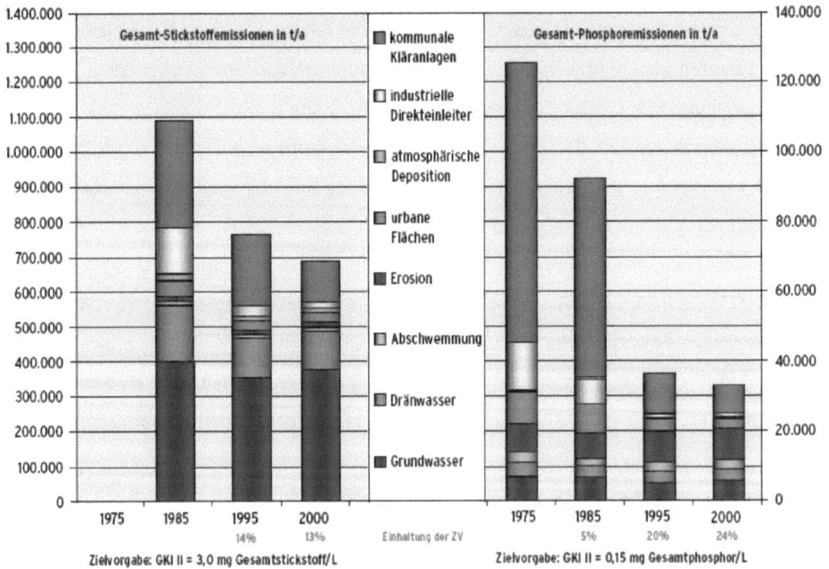

(BMU; Berlin; 2006; S. 89)

Die Emissionen auf den Wegen Erosion, Abschwemmung, Dränwasser und Grundwasser stammen zu mehr als 90 %, die atmosphärische Deposition von Stickstoff zu 50 % aus der Landwirtschaft.

Zusätzlich wird das Grundwasser durch in den Boden eingewaschene Pestizide (Umweltbundesamt; Berlin; 2001; S. 20), aus Mono- oder Intensivkulturen, belastet (ebd.).

Es wird geschätzt, dass das Flussgebiet des Rheins, wegen der langen Fließzeiten im Grundwasser (BMU; Berlin; 2006; S. 88), mit einer Verzögerung von 2 bis 10 Jahren, dass der Elbe sogar mit einer Verzögerung von 20 bis 30 Jahren, auf die Reduktion reagiert (ebd.). Ein Umstand der, besonders im Hinblick auf die Nachhaltigkeit und die bereits angesprochene Bedeutung des Grundwassers für die Trinkwasserversorgung, Beachtung verdient.

Generell ist im Bereich der Gewässergüte, obwohl eine Reihe von Stoffen emissionsseitig zurückgedrängt wurde (Kahlenborn; Berlin; 1998; S. 8), keine Verbesserung der Gesamtsituation zu verzeichnen (ebd.). Ursache dafür ist eine kontinuierliche Ausweitung des Stoffspektrums (ebd.) und eine Verschiebung der Emissionspfade hin zu diffusen, mit den bisherigen Instrumenten, nur bedingt zu kontrollierende Quellen (ebd.). Erschwerend kommt die immer größer werdende Zahl von Eintragungspfaden, Wirkungsmöglichkeiten und Wechselwirkungen der Stoffe hinzu (ebd.).

Wasserentnahme durch die Landwirtschaft zur Bewässerung spielt in der Bundesrepublik eher eine untergeordnete Rolle. Dieses soll durch die folgende Abbildung verdeutlicht werden.

Abbildung 8: Wassereinsatz in Landwirtschaft

Statistisches Bundesamt; 2002; S. 3

Als wichtig, für die Beantwortung der Frage ob die Wasserwirtschaft in Deutschland effizient und regenerativ und damit auch nachhaltig ist, sollten der schwindende Verbrauch und die Verschiebung der Belastungen zu diffusen Quellen vermerkt werden.

3. nachhaltige Wasserwirtschaft

Wie bereits unter 1.3 angesprochen, meint Nachhaltigkeit, den nachfolgenden Generationen eine Welt zu überlassen, die ihnen nicht weniger als den gegenwärtigen Generationen die Erfüllung ihrer Bedürfnisse gestattet (Kahlenborn; Berlin; 1998; S. 2).

Für eine nachhaltige Wasserwirtschaft besagt dies, dass das Wasser auch für die folgenden Generationen gesichert wird (Ludin; S. 33). Dies verlangt ein Gleichgewicht zwischen den Wassernutzungen und den verfügbaren Wasserressourcen (Kluge; Berlin; 2005; S. 40). Die hier angesprochene Bewahrung der Ressource Wasser sollte aber in qualitativer wie quantitativer Hinsicht erfolgen.

Dies erfordert die integrierte Bewirtschaftung aller natürlichen und künstlichen Wasserkreisläufe (Kahlenborn; Berlin; 1998; S. 3), unter Beachtung folgender Zielsetzungen (ebd.), die Sicherung von Wasser in seinen verschiedenen Formen als Ressource für die jetzige, wie auch für die nachfolgenden, Generationen (ebd.), der langfristige Schutz von Wasser als Lebensraum und zentrales Element von Lebensräumen (ebd.).

Hieraus lässt sich die Erfordernis nach der Erschließung von Möglichkeiten für eine dauerhaft naturverträgliche wirtschaftliche und soziale Entwicklung (ebd.) ableiten. Ebenso ergeben sich, aus den genannten Zielen, folgende Handlungsgebote, es darf nicht mehr Wasser dem Wasserkreislauf entnommen werden, als sich erneuert (Ludin; S. 33), d.h., dass jeder der Wasser entnimmt oder einleitet, sparsam und schonend mit diesem umgeht, und die dabei entstehenden Kosten trägt (ebd.), darüber hinaus dürfen nicht mehr Schadstoffe in den Wasserkreislauf gelangen (ebd.), als dieser, durch natürliche Regeneration und Selbstreinigung, bewältigen kann (ebd.) d.h., Stoffeinträge sind zu vermeiden oder zumindest zu verringern (ebd.).

Der Vollzug bzw. die Umsetzung der genannten Ziele und Prinzipien ist aber nicht unproblematisch. Während das Leitbild einer nachhaltiger Bewirtschaftung des Wasser noch weithin anerkannt wird (Umweltbundesamt; Berlin; 2001b; S. 105), ist die Einstellung zu konkreten Zielen und Erfordernissen stark von den jeweiligen Nutzungsinteressen geprägt (ebd.). Gründe dafür sind u.a., dass eine nachhaltige Wasserwirtschaft in hohem Maße von regionalen Gegebenheiten geprägt ist (ebd.; S. 106). Klimatische, hydrologische, wirtschaftliche und soziale Voraussetzungen (ebd.) bestimmen im Wesentlichen was eine nachhaltige Wasserwirtschaft in einer Region ausmacht (ebd.), und wie sie umgesetzt werden sollte (ebd.). Konkret bedeutet dies, dass bspw. die Höhe des Pro-Kopf-Verbrauchs an Trinkwasser wenig darüber aussagt, ob das Wasserdargebot nachhaltig bewirtschaftet wird (ebd.). Aus diesem Grund ist es eher möglich Regeln und Prinzipien für eine nachhaltige Wasserwirtschaft aufzustellen, als exakte Ziele, mit großräumiger bzw. globaler Gültigkeit und Verbindlichkeit, festzulegen (ebd.).

Dieser Umstand fand Beachtung bei der Aufstellung der Dublin Principles (ebd.). In ihnen wurden 1992 Leitsätze für eine nachhaltige Entwicklung der Wasserwirtschaft verabschiedet (ebd.). Damit wurde u.a. die ökologische Verletzbarkeit des Wassers, in Qualität und Quantität anerkannt (Kluge; Berlin; 2005; S. 7) und die Notwendigkeit eines Wassermanagement unter Beteiligung aller relevanten, mit dem Wasser befassten bzw. davon betroffener, Gruppen betont (ebd.). Außerdem wurde festgestellt, dass Wasser nicht zuletzt auch ein ökonomisches Gut ist (ebd.) und somit auch einen wirtschaftlichen Wert hat (Umweltbundesamt; Berlin; 2001b; S. 106).

Diese Prinzipien fanden auch Eingang in das Wasserkapitel der Agenda 21 (ebd.). Auf europäischer Ebene sind sie in den Formulierungen der Wasserrahmenrichtlinie (EU-WRRL) wieder zu finden (Kluge; Berlin; 2005; S. 7).

3.1 Prinzipien einer nachhaltigen Wasserwirtschaft

Das Leitbild einer nachhaltigen Ressourcennutzung und Bewirtschaftung erfordert die Verknüpfung ökologischer und ökonomischer Kriterien (Kluge; Berlin; 2005; S. 40) und die Orientierung der Ressourcenbewirtschaftung am Vorsorgeprinzip (ebd.). Für Deutschland wurde das Leitbild einer nachhaltigen Entwicklung der Wasserwirtschaft, durch neun Prinzipien konkretisiert (Umweltbundesamt; Berlin; 2001b; S. 108). Diese Prinzipien wurden von Walter Kahlenborn und R. Andreas Kraemer, im Rahmen einer Analyse des Leitbildes der nachhaltigen Wasserwirtschaft, aufgestellt (ebd.). In der Literatur fanden sich aber keine Aussagen darüber ob und wie weit diese Prinzipien auf der Agenda 21 bzw. den Dublin Principles beruhen, ein inhaltlicher Zusammenhang, bspw. beim Integrations- oder Kooperationsprinzip, lässt sich aber schwer bestreiten.

Tabelle 1: Prinzipien einer nachhaltigen Wasserwirtschaft

Regionalitätsprinzip	Die regionalen Ressourcen und Lebensräume sind zu schützen, räumliche Umweltexternalitäten zu vermeiden (Kahlenborn; Berlin; 1998; S. 4). Die Lösung wasserwirtschaftlicher Problemstellungen soll mit regional verfügbaren Ressourcen erfolgen (Steinberg; Berlin; 2002; S. 11).

Integrationsprinzip	Wasser ist als Einheit und in seinem Nexus mit den anderen Umweltmedien zu bewirtschaften. Wasserwirtschaftliche Belange müssen in die anderen Fachpolitiken integriert werden (Kahlenborn; Berlin; 1998; S. 4). Möglichst viele Teilaspekte des betrachteten Gegenstandes sollen berücksichtigt werden (Steinberg; Berlin; 2002; S. 11).
Verursacherprinzip	Die Kosten von Verschmutzung und Ressourcennutzung sind dem Verursacher anzulasten (Kahlenborn; Berlin; 1998; S. 4).
Ressourcenminimierungsprinzip	Der direkte und indirekte Ressourcen- und Energieverbrauch der Wasserwirtschaft ist kontinuierlich zu vermindern (Kahlenborn; Berlin; 1998; S. 4).
Vorsorgeprinzip (Besorgnisgrundsatz)	Extremschäden und unbekannte Risiken müssen ausgeschlossen werden (ebd.), bzw. weitestgehend minimiert werden (Steinberg; Berlin; 2002; S. 11).
Quellenreduktionsprinzip	Emissionen von Schadstoffen sind am Ort des Entstehens zu unterbinden (Kahlenborn; Berlin; 1998; S. 4).
Reversibilitätsprinzip	Wasserwirtschaftliche Maßnahmen müssen modifizierbar, ihre Folgen reversibel sein (ebd.).
Intergenerationsprinzip	Der zeitliche Betrachtungshorizont, bei wasserwirtschaftlichen Planungen und Entscheidungen, muss dem zeitlichen Wirkungshorizont entsprechen (ebd.).

eigener Entwurf nach Kahlenborn; Berlin; 1998; S. 4 und Steinberg; Berlin; 2002; S. 11

Diese neun Prinzipien sollen für eine nachhaltige Entwicklung in der Wasserwirtschaft prägend sein (Umweltbundesamt; Berlin; 2001b; S. 108).

Sie umfassen die Prinzipientrias der Umweltpolitik, aus Vorsorge-, Verursacher- und Kooperationsprinzip, erweitert um das Prinzip der Quellenreduktion (ebd.). Ergänzt wurden sie um Prinzipien welche in der nachhaltigen Entwicklung, auch auf anderen Gebieten zunehmend eine Rolle spielen (Umweltbundesamt; Berlin; 2001b; S. 108), dies wären das Integrations-, das Ressourcenminimierungs- und das Regionalitätsprinzip (ebd.). Außerdem wurden, mit dem Intergenerations- und Reversibilitätsprinzip, von den Autoren zwei Prinzipien hinzugefügt, welche besonders dem Faktor Zeit Rechnung tragen sollen (ebd.). Die folgende Abbildung soll die Gliederung der Prinzipien noch einmal veranschaulichen.

Abbildung 9: Prinzipien einer nachhaltigen Wasserwirtschaft

Vorsorgeprinzip	Integrations-prinzip	Reversibilitäts-prinzip
Verursacher-prinzip	Regionalitäts-prinzip	Intergenerations-prinzip
Kooperations-prinzip	P. der Ressourcen-minimierung	Faktor Zeit
klass. Prinzipientrias des Umweltrechts	Nachhaltigkeits-diskussion	
Prinzip der Quellen-reduktion		

eigner Entwurf nach Umweltbundesamt; Berlin; 2001b; S. 109

3.2 Wasserwirtschaft & Agenda 21

Die Agenda 21 ist der Ausdruck eines weltweiten Konsens, auf Grundlage von Leitlinien, mit nationalen Konzepten und Prozessen den globalen Umweltproblemen entgegenzuwirken (Steinberg; Berlin; 2002; S. 4). Sie beschreibt die Anforderungen an eine nachhaltige Entwicklung (BMU; Berlin; 2006; S. 4). Die hier formulierten Ziele sollen weltweit Gültigkeit haben (ebd.; S. 5). Für die Wasserwirtschaft ist besonders das Kapitel 18 – Schutz der Güte und Menge der Süßwasserressourcen von Bedeutung (ebd.; S. 4). In ihm werden sieben verschiedene Programmbereiche beschrieben:

Tabelle 2: Agenda 21 - Kapitel 18

a)	Integrierte Planung und Bewirtschaftung von Wasserressourcen
b)	Abschätzung des Wasserdargebots
c)	Schutz der Wasserressourcen, Wasserqualität und aquatischer Ökosysteme

d)	Trinkwasserversorgung und Sanitärmaßnahmen
e)	Wasser und nachhaltige städtische Entwicklung
f)	Wasser für nachhaltige Nahrungsmittelproduktion und ländliche Entwicklung
g)	Auswirkungen von Klimaveränderungen auf die Wasserressourcen

eigener Entwurf nach BMU; Berlin; 2006; S. 4

Viele der hier geschilderten Ziele und Maßnahmen sind darauf ausgerichtet, Grundbedürfnisse und elementare Anforderungen an eine Wasserver- und Entsorgung, insbesondere in den Entwicklungsländern, sicherzustellen (Umweltbundesamt; Berlin; 2001b; S. 107). Für ein hoch entwickeltes und industrialisiertes Land wie die Bundesrepublik können diese Punkte nicht die gleiche Relevanz aufweisen (ebd.), somit können auch nicht alle Zielsetzungen die gleiche Bedeutung haben (BMU; Berlin; 2006; S. 5). Während einige, im Gegensatz zu weniger entwickelten Saaten, bereits als erfüllt angesehen werden können (ebd.), stellen andere eine besondere Herausforderung dar (ebd.). Unter anderem sind folgende Punkte, aus Kapitel 18 der Agenda 21, für Deutschland von Bedeutung (Umweltbundesamt; Berlin; 2001b; S. 107):

Tabelle 3: Agenda 21 - Kapitel 18 für die Bundesrepublik Deutschland

a)	Die Bewirtschaftung der Wasserressourcen soll, ausgehend von einem einzugsgebietsbezogenen Bewirtschaftungskonzept ganzheitlich erfolgen.
b)	Der Schutz des Grundwassers wird als ein wesentliches Element der Bewirtschaftung der Wasserressourcen betont.
c)	Um Gewässergüteaspekte in die Bewirtschaftung einzubinden, sollen gleichzeitig die Bewahrung der Unversehrtheit der Ökosysteme und die Bereitstellung hygienisch unbedenklichen Wassers angestrebt werden.

eigener Entwurf nach Umweltbundesamt; Berlin; 2001b; S. 107

Zusammengefasst fordert die Agenda 21 für die Wasserwirtschaft eine integrierte Ressourcenbewirtschaftung (Umweltbundesamt; Berlin; 2001b; S. 108), unter der besonderen Berücksichtigung des Grundwasserschutzes (ebd.) und Einbeziehung aller Betroffenen in die Planung (ebd.).

Beispiel für die Umsetzung einer lokalen Agenda 21, ist die Sanierung und Renaturierung des Flüsschen Reide im Osten von Halle (Umweltbundesamt; Berlin; 2001; S. 73).

3.3. Wasserwirtschaft und EU Wasserrahmenrichtlinie

Durch die EU wurde in den vergangenen Jahrzehnten eine Vielzahl von Vorschriften zum Schutz der Gewässer verabschiedet (BMU; Bonn; 2006; S. 6). Die Erfolge dieser Anordnungen sind auch sichtbar (ebd.), trotzdem ist die Güte der deutschen Gewässer verbesserungsfähig (ebd.).

Die am 22. Dezember 2000 in Kraft getretene, Wasserrahmenrichtlinie (WRRL) fordert europaweit das Erreichen eines guten chemischen und ökologischen Zustands der Oberflächengewässer (BMU; Berlin; 2006b; S. 4). Für das Grundwasser wurde dieses Ziel um den Aspekt eines guten mengenmäßigen Zustands erweitert (ebd.). Damit wird für die Europäische Union erstmals eine länderübergreifende und einheitliche Bewirtschaftung der Gewässer eingeführt (BMU; Berlin; 2005; S. 16). Mit der Wasserrahmenrichtlinie sollen, bei der Nutzung der Gewässer, die Belange des Umwelt- und Naturschutzes stärker gewichtet werden (BMU; Bonn; 2006; S. 7).

Grundlegende Zielsetzungen der WRRL sind, eine nachhaltige Bewirtschaftung und der Schutz der Süßwasserressourcen (Kluge; Berlin; 2005; S. 40). Außerdem fordert die WRRL ökonomisch und ökologisch effiziente Bewirtschaftungspläne (Kluge; 2005b; S. 4).

Der europäische Gesetzgeber verankert mit der WRRL zwei neue Gedanken (ebd.), Gewässer bilden mit ihrem Einzugsgebiet eine ökologische Einheit (BMU; Berlin; 2005; S. 16), außerdem stehen Grundwasser, Oberflächenwasser und Auen in Wechselwirkung zueinander (ebd.) und bilden wichtige Lebensräume für Pflanzen und Tiere (BMU; Bonn; 2006; S. 7).

Des Weiteren wurde erkannt, dass ein vorbeugender Gewässerschutz mehr bewirkt, als „Reparaturen" an bereits geschädigten Gewässern (ebd.). Die Richtlinie berücksichtigt damit stärker als bisher die ökologische Funktion von Flüssen und Seen (BMU; Berlin; 2005; S. 16) und bezieht auch Ziele des Naturschutzes mit ein (ebd.).

Mit der WRRL wird in Zukunft nicht nur die chemische Wassergüte bewertet, sondern vorrangig ökologische Aspekte (ebd.). Dieses verdeutlicht den integrativen Ansatz der WRRL (BMU; Berlin; 2006; S. 27), den für die Qualität der Gewässer, ist die Gewässerbiologie (ebd.) und Hydromorphologie (ebd.) ebenso relevant, wie die chemische Beschaffenheit (ebd.). Erst im Zusammenspiel mit einer naturnahen Struktur (Umweltbundesamt; Berlin;

2001; S. 65), kann eine gute Wasserqualität eine ökologische Wohlfahrtswirkung für Mensch und Natur entfalten (ebd.).

Somit ist die WRRL der Versuch, die kleinräumige und nutzungsorientierte Gewässerbewirtschaftung (BMU; Berlin; 2005; S. 16), durch einen ganzheitlichen und ökologisch orientierten Umgang mit der Ressource Wasser abzulösen (ebd.). Ziel ist es, die Gewässer möglichst wenig mit Chemikalien zu belastet (ebd.) und in einen guten ökologischen und mengenmäßigen Zustand zu bringen (ebd.).

Die Umsetzung der WRRL ist ein mehrstufiger Prozess (ebd.; S. 6). Er gliedert sich in die Bestandsaufnahme (ebd.), die Überprüfung deren Ergebnisse durch Messungen (ebd.), die Einstufung der Gewässer in Zustandsklassen (ebd.) und das Ergreifen von Maßnahmen (ebd.). Ziel ist es bis 2009 Maßnahmenprogramme und Bewirtschaftungspläne aufzustellen (BMU; Berlin; 2006; S. 21), der „gute Zustand" soll bis 2015 erreicht werden (ebd.). Allerdings ist nach Artikel 4 der WRRL auch eine Verlängerung der Frist möglich (BMU; Berlin; 2005; S. 16), bspw. wenn nachgewiesen werden kann, dass die Ziele nur mit unverhältnismäßig hohen Kosten erreicht werden können (BMU; Berlin; 2006; S. 28). Ebenso gibt es für Kanäle und künstlich aufgestaute Gewässer Ausnahmen (BMU; Berlin; 2005; S. 16).

Abbildung 10: Zeitplan der Wasserrahmenrichtlinie

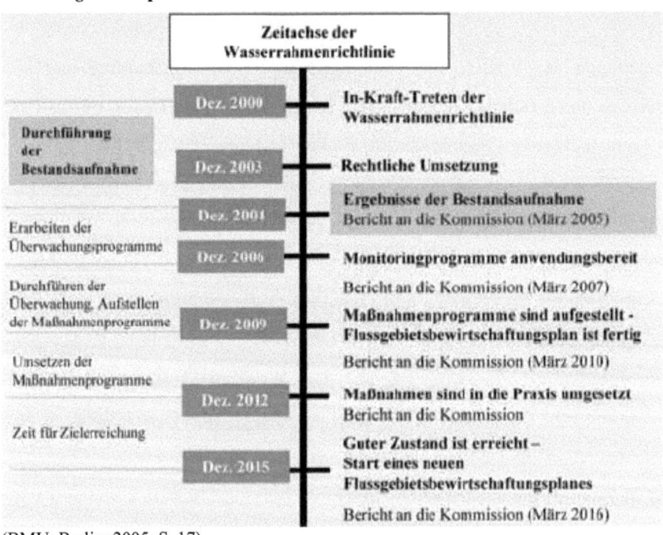

(BMU; Berlin; 2005; S. 17)

Der angestrebte „gute Zustand" ist dadurch gekennzeichnet, dass das Gewässer zwar durch menschliche Nutzung beeinträchtigt oder verändert worden sein kann (BMU; Berlin; 2006; S. 28), seine ökologischen Funktionen aber nicht wesentlich gestört sind (ebd.). Unterstrichen wird dieses dadurch, dass bei der Klassifikation der chemischen Güte, die Güteklasse I einem Zustand ohne anthropogene Beeinträchtigung entspricht (BMU; Berlin; 2006b; S. 33).

Die durch in Kraft treten der WRRL und deren Umsetzung in nationales Recht, bei der Novellierung des Wasserhaushaltsgesetz (WHG) (Kluge; Berlin; 2005; S. 15), wichtigsten Neuerungen für die Bundesrepublik sind u.a. die Gewässerbewirtschaftung in zehn Flussgebietseinheiten (BMU; Berlin; 2006; S. 4), die Festlegung von ökologischen, chemischen und mengenmäßigen Umweltzielen (ebd.), die Verpflichtung innerhalb bindender Fristen Maßnahmen zu ergreifen (ebd.), die Einbeziehung der Öffentlichkeit (ebd.) und die integrierte Bewirtschaftung von Grund- und Oberflächengewässern (ebd.).

Eine grundlegende Veränderung liegt somit darin, dass alle Nutzungen, welche sich auf Grund- oder Oberflächengewässer auswirken, an den Bewirtschaftungszielen auszurichten sind (ebd.; S. 28). Mit der Maßstabsvergrößerung, durch die Flussgebietseinheiten, werden die Ressourcen, im Sinne des Regionalitätsprinzips; regional bewirtschaftet (Kluge; Berlin; 2005; S. 13). Eine weitere Anforderung der WRRL ist die Anwendung des Kostendeckungsprinzips, insbesondere für Umwelt- und Ressourcenkosten (Kluge; Berlin; 2005; S. 7), unter Beachtung des Verursacherprinzips (ebd.; S. 60). Die WRRL verlangt, dass die unterschiedlichen Wassernutzungen einen angemessenen Beitrag zur Kostendeckung der Wasserdienstleistung leisten (ebd.; S. 60). Wasser, welches nach deutschem Recht ein öffentliches Gut darstellt, für welches in der Regel nur Gebühren für Gewinnung, Verteilung und Transport anfallen, wird dadurch ökonomisiert (ebd.). Dieses Kostendeckungsprinzip findet u.a. Anwendung bei der Auswahl der kosteneffizientesten (ebd.; S. 56) Maßnahmen, für das Maßnahmenprogramm der WRRL bis 2009 (ebd.; S. 5). Ebenso soll es Anwendung bei Genehmigungsverfahren zur Wasserentnahme finden (ebd.; S. 14).

Die Einführung dieses Kostendeckungsprinzips wird wohl aber nicht zu exorbitanten Preissteigerungen führen. Das Kostendeckungsprinzip ist bereits jetzt die grundlegende ökonomische Struktur der deutschen Wasserwirtschaft ist (Kluge; Berlin; 2005; S. 8). Ziel des Kostendeckungsprinzips ist es über die Wasserpreise angemessene Anreize für die effiziente Nutzung der Ressource Wasser zu geben (Umweltbundesamt; Berlin; 2001b; S. 45). Man sollte diesen Teil der WRRL also vielmehr Zusammenhang mit den höheren Wasserverbrauch und geringeren Entgelten in anderen Mitgliedsstaaten der EU sehen (Frieder; 2003; S. 11), in der folgenden Abbildung wird der Wasserverbrauch und die Kosten im internationalen Vergleich dargestellt.

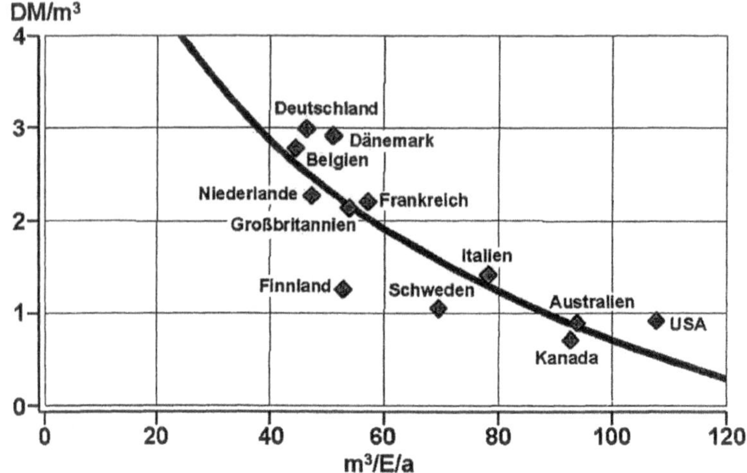

(Frieder; 2003; S. 11)

Außerdem erlaubt die WRRL aus sozialen und ökonomischen Gründen die Abschwächung dieser Forderung (Umweltbundesamt; Berlin; 2001b; S. 45).

Da Richtlinien der Europäischen Union, hinsichtlich der darin formulierten Ziele, den Mitgliedsstaaten gegenüber verbindlich sind, dürfte die WRRL wesentlich größeren Einfluss auf die Wasserwirtschaft in Deutschland nehmen, als es der Agenda 21 als „soft Law" möglich ist.

3.3.1 Ergebnisse der Wasserrahmenrichtlinie

Die bis Ende 2004 erfolgte Bestandaufnahme erbrachte für die Oberflächengewässer in Deutschland folgende Ergebnisse, etwa 14 % der bewerteten Wasserkörper erreichen wahrscheinlich die Umweltziele (BMU; Berlin; 2005; S. 10), für 26% besteht Unsicherheit (ebd.) und etwa 60% der Wasserkörper werden, ohne weitere Maßnahmen, die Umweltziele nicht erreichen (ebd.). Als natürlich wurden 63% der Wasserkörper eingestuft (ebd.), 23% fielen in die Kategorie „erheblich verändert" (ebd.) und etwa 14% wurden als künstlich eingestuft (ebd.).

Für das Grundwasser wird erwartet, dass 47% der Wasserkörper die Ziele wahrscheinlich erreichen (ebd.), bei den übrigen 53% sind dafür aber weitere Maßnahmen nötig (ebd.). Einen mengenmäßig guten Zustand werden vermutlich 95% des Grundwasserkörpers erreichen (ebd.; S. 11).

Abbildung 12: Ergebnisse der Bestandsaufnahme

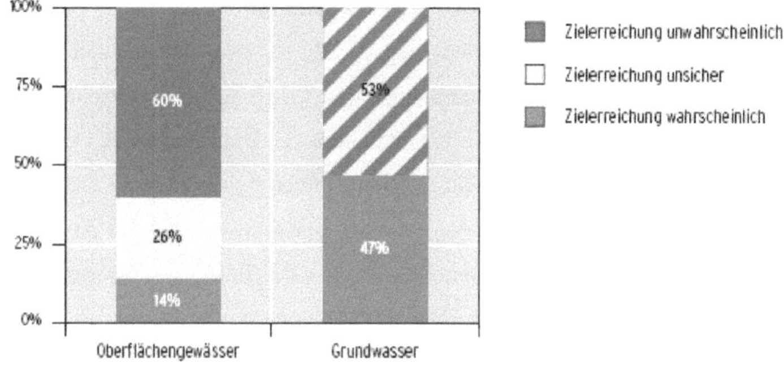

(BMU; Berlin; 2005; S. 10)

4. Wasserwirtschaft in Deutschland - effizient, dezentral und regenerativ?

Diese Frage kann insgesamt nicht mit einem klaren ja oder nein beantwortet werden. Vielmehr ist es so, dass die Antwort je nach Blickwinkel und Aspekt unterschiedlich ausfallen muss. Im Weiteren soll versucht werden erst die einzelnen Teilfragen zu beantworten, um danach die Frage der Nachhaltigkeit der Wasserwirtschaft zu untersuchen.

Die Frage ob die Wasserwirtschaft in Deutschland regenerativ ist, lässt sich auf den ersten Blick mit Ja beantworten. Stärkste Argumente dafür sind, dass knapp 80% des potenziell verfügbaren Wassers nicht genutzt werden und das humide Klima der Bundesrepublik Deutschland. Wird dieser Frage aber nicht nur unter rein mengenmäßigen Aspekten betrachtet, sondern bspw. auch unter ökologischen, gibt es keine so eindeutige Antwort. Als Beispiel wäre die Zunahme der diffusen Quellen (BMU; Berlin; 2006; S. 88), der Stoffe und Emissionspfade (Kahlenborn; Berlin; 1998; S. 8) zu nennen. Da es sich mitunter um Stoffe handelt, deren Wirkungen nicht oder nur teilweise bekannt ist (ebd.), können, bspw. aufgrund der schlechten Abbaubarkeit dieser Chemikalien, Akkumulationen der Stoffe im Grundwasser, mit unbekannten Folgen für Mensch und Natur, nicht ausgeschlossen werden. So werden Arzneimittelrückstände und Industriechemikalien von den Kläranlagen in zu geringen Umfang zurückgehalten (Kluge; Berlin; 2003; S. 44) und werden wohl, aufgrund der langen Fließzeiten im Grundwasser (BMU; Berlin; 2006; S. 88), auch noch künftige Generationen beschäftigen. In Anbetracht der Tatsache das die Zahl der freigesetzten Stoffe steigt (Kahlenborn; Berlin; 1998; S. 7) und viele dieser Stoffe überall im Wasserkreislauf vorkommen (ebd.; S. 8), wird in qualitativer Hinsicht nicht regenerativ gewirtschaftet. Womöglich ergibt eine nach Stoffen differenzierte Untersuchung eine andere Antwort, schließlich gibt es bereits Verbote und Grenzwerte für bestimmte chemische Verbindungen, leider kann der Gesetzgeber aber, mit der Erforschung der Wirkung bzw. der Entwicklung neuer Chemikalien, nicht Schritt halten.

angebotsmäßig wird die Wasserwirtschaft in Deutschland auch nachfolgenden Generationen die Befriedigung ihrer Bedürfnisse erlauben, da das Wasserdargebot nicht übernutzt wird. Für eine, auch im Hinblick auf die Wassergüte, regenerative Wasserwirtschaft sind dagegen noch umfangreiche Maßnahmen nötig, allerdings wurde mit der Europäischen Wasserrahmenrichtlinie, deren Ziel es u.a. ist bis 2015 einen guten chemischen Zustand zu erreichen (BMU; Berlin; 2006b; S. 4), ein erster Schritt getan. Wichtig ist daneben auch, der durch die WRRL erfolgte Wechsel zu einem vorbeugenden Gewässerschutz (ebd.), um künftigen Generationen umfangreiche „Reparaturen" am Wasserkörper zu ersparen und Schädigungen der Ressource Wasser zu unterbinden.

Ebenso vielschichtig muss die Antwort auf die Frage, ob Wasserwirtschaft in Deutschland dezentral ist ausfallen. Die rechtliche Struktur der deutschen Wasserwirtschaft und ihre Aufteilung auf Bundes- und Länderebene soll hierbei weitestgehend ausgeklammert werden. Grundsätzlich hat der Bund das Recht Rahmenvorschriften zu erlassen (BMU; Berlin; 2006; S. 16). Der Vollzug und die Gestaltung dieser Rechtsvorschriften ist Sache der Länder und Kommunen (ebd.), wobei denn Kommunen, vom Grundgesetz, ein eigener Gestaltungsspielraum eingeräumt wird (ebd.). Damit ist die rechtliche und gesetzliche Struktur der Wasserwirtschaft in Deutschland föderativ.

Vielmehr soll versucht werden die Frage nach Zentralität oder Dezentralität für die wirtschaftliche Struktur der Wasserwirtschaft, d.h. die Unternehmen zu beantworten.

Die Wasserversorgung ist überwiegend kleinteilig und in Verantwortung der Kommunen (Umweltbundesamt; Berlin; 2001b; S. 16). In der Bundesrepublik gibt es über 6700, meist kommunale, Unternehmen der Wasserversorgung (BMU; Bonn; 2006; S. 8). Auf den ersten Blick scheint es sich also um eine dezentrale Bewirtschaftung zu handeln, allerdings weist die von den Versorgungsunternehmen betriebene Infrastruktur eine zentralistische Grundkonzeption auf (Kluge; Berlin; 2003; S. 44).

Wenn man die Struktur der Wasserversorgung, nach der Größe der Wasserversorgungsunternehmen betrachtet, werden auch hier Fragen aufgeworfen. Weit über 90% der Wassermenge wird von etwa einem Drittel der Unternehmen geliefert (Umweltbundesamt; Berlin; 2001b; S. 17). So liefern die zehn größten Unternehmen, das entspricht 0,1% der Gesamtzahl der Unternehmen, 20% des Wassers (ebd.). Dieser Sachverhalt soll, mit der nachfolgenden Tabelle, noch einmal verdeutlicht werden.

Tabelle 4: Größe der Wasserversorgungsunternehmen in Deutschland

Größe nach Jahresabgabe in Mio. m³/a	Zahl der Unternehmen	in %
≥ 100	5	0,07
≥ 10	101	1,5
1,0 bis < 10	1044	15,6
0,2 bis < 1,0	2186	32,6
< 0,2	3378	50,4

eigener Entwurf nach Umweltbundesamt; Berlin; 2001b; S. 17

Bei der Verteilung der Unternehmen bestehen auch deutliche regionale Unterschiede (Umweltbundesamt; Berlin; 2001b; S. 17). So gibt es in Bayern 2600, in Nordrhein-Westfalen nur 600 Unternehmen der Wasserversorgung (ebd.). Die Frage ob eine, dem Regionalitätsprinzip der WRRL und der Agenda 21 entsprechende, dezentrale oder zentrale Struktur besser ist, sollte auch unter Beachtung der betriebswirtschaftlichen Aspekte betrachtet werden. So treten bei Unternehmenskooperation bzw. Zusammenschlüssen, welche u.U. zentralistische Strukturen hervorbringen, Synergieeffekte auf, welche die ökonomische Effizienz steigern können (Kluge; Berlin; 2003; S. 17). Allerdings kann zu viel Zentralismus auch negative Folgen haben, wie die aktuelle Diskussion um die Strompreise zeigt.

Die Antwort ob die Wasserwirtschaft in Deutschland effizient ist, ist ebenso zweigeteilt. Wenn man von einer Nutzeneffizienz ausgeht, kann die Frage wohl mit Ja beantwortet werden, den immerhin sinkt sowohl der Pro-Kopf Verbrauch, als auch der gewerbliche Bedarf an Wasser, dagegen steigt, aufgrund von Kreislauf- und Brauchwassernutzung, der Nutzungsfaktor. Wasser wird also immer effizienter genutzt.

Ein weiterführender Effizienzgedanke ist der der ökologischen Effizienz (Kluge; Berlin; 2005; S. 13). Ökologische Effizienz bemisst den Nutzen einer Wassernutzung am ökologischen Aufwand, d.h. dem Verbrauch bzw. der Beeinträchtigung der Ressource (ebd.). In Anbetracht der Nutzung von nur 20% des Wasserdargebots ist der Verbrauch der Ressource Wasser keine große Beeinträchtigung, die Ressource wird nicht übernutzt. Also kann auch hier von einer effizienten Bewirtschaftung gesprochen werden. Wenn man Effizienz aber unter dem Aspekt der qualitativen Beeinträchtigung der Ressource beurteilt, muss diese Frage, ähnlich wie für die qualitative Regeneration verneint werden. Ausschlaggebend sind auch hier die Probleme der diffusen Quellen (BMU; Berlin; 2006b; S. 3), Stoffe und Emissionspfade (Kahlenborn; Berlin; 1998; S. 8). Dadurch das z.B. Arzneimittelrückstände und Industriechemikalien von den Kläranlagen in zu geringen Umfang zurückgehalten werden (Kluge; Berlin; 2003; S. 44) erfordert die Nutzung des Wassers eine immer aufwendigere Aufbereitung.

Neben der ökologischen Effizienz gibt es auch noch die ökonomische Effizienz, welche das Verhältnis von wirtschaftlichem Aufwand und Nutzen, im Sinne von Wertschöpfung, beschreibt. Von Dr. Thomas Kluge wurde aus diesem Grund der Begriff der Öko-Effizienz (Kluge; Berlin; 2005; S. 14) vorgeschlagen. Mit diesem Begriff sollen ökonomische und ökologische Kriterien verknüpft werden, um die Effizienz der Wassernutzung besser bewerten zu können.

Um die Frage nach der ökonomischen Effizienz beantworten zu können, muss man die aktuellen Entwicklungen, besonders in der Siedlungswasserwirtschaft näher betrachten. Hier zeichnet sich durch den sinkenden Verbrauch und den demographischen Wandel (Kluge; 2005b; S. 4), mit der daraus folgenden Unterauslastung der Versorgungssysteme (ebd.; S. 7), eine grundlegende Veränderung ab. Die ökonomischen Folgen, in Form hoher Kosten, durch häufigeres Spülen der Leitungen (Kluge; Berlin; 2003; S. 42) und sinkender Einnahmen, sind noch nicht abzuschätzen. In diesem Zusammenhang wird bereits von einer „Fixkostenfalle" (ebd.; S. 11) gesprochen. Diese Frage der ökonomischen Effizienz soll im zweiten Bereich des Themas, Wasserwirtschaft der Siedlungen, untersucht werden.

4.1 nachhaltige Wasserwirtschaft?

Generell gibt es in der Wasserwirtschaft Trends, welche mit dem Leitbild der Nachhaltigkeit übereinstimmen oder inkompatible sind, und somit eine Hilfestellung für die Beantwortung der Frage ob Wasserwirtschaft in Deutschland effizient, regenerativ, dezentral und nachhaltig ist.

Walter Kahlenborn und R. Andreas Kraemer haben einige dieser Entwicklungen, in ihrer A-nalyse des Leitbildes der nachhaltigen Wasserwirtschaft, benannt. In den beiden folgenden Tabellen wurden diese zusammengefasst.

Tabelle 5: Mit dem Leitbild der Nachhaltigkeit kompatible Trends

- Der Rückbau kleinerer Gewässer im Rahmen von Renaturierungsprogrammen.

- Der rückläufige Wasserverbrauch der Industrie (mit Ausnahme der Elektrizitätswirt-schaft).

- Der starke Rückgang des Wasserverbrauchs der Landwirtschaft in Ostdeutschland.

- Der sinkende Wasserverbrauch seitens der privaten Haushalte.

- Die sich anbahnende Umorientierung im Hochwasserschutz hin zu dezentraler Vor-sorge und strukturellen statt technischen Lösungen.

- Die Abnahme der Emissionen von Säurebildnern (NOx, NH3, SO2) sowie von ver-schiedenen weiteren gewässerbelastenden Luftschadstoffen.

- Die deutliche Steigerung bei der Klärung kommunaler Abwässer.

- Der bemerkenswerte Rückgang der Phosphateinträge aus nicht-landwirtschaftlichen Quellen.

- Die rückläufigen Belastungen der Gewässer mit Schwermetallen sowie einer Reihe von weiteren gefährlichen Stoffen; die geringer werdenden Einträge auch bei EDTA.

- Die Verringerung der Chloridkonzentrationen in einigen Fließgewässern.

- Die teilweise zu beobachtende langsame institutionelle Anpassung an die Anforderung einer integrierten Bewirtschaftung der Gewässer, insbesondere die verstärkte Ausrichtung auf die Flussgebiete als zugrunde zu legende Bewirtschaftungseinheit.

eigener Entwurf nach Kahlenborn; Berlin; 1998; S. 12

Tabelle 6: Mit dem Leitbild der Nachhaltigkeit inkompatible Trends

- Der kontinuierliche Ausbau der Wasserstraßen.

- Die fortschreitende Besiedlung der Flussauen.

- Die trotz sinkender Einträge weitere Anreicherung akkumulierbarer Schadstoffe in den Gewässern.

- Die Ausdehnung der Schwemmkanalisation in wenig besiedelten Gegenden.

- Die weitere Degradation der Feuchtgebiete (insbesondere der Moore)

- Die Zunahme der Fernwasserversorgung.

- Der langjährige, noch keineswegs überall überwundene Anstieg der Nitratwerte im Grundwasser.

- Der Zuwachs beim Pflanzenschutzmitteleinsatz.

- Die Substitution einzelner gewässerbelastender Stoffe durch andere, etwa im Bereich der Komplexbildner.

- Die Vernachlässigung des vorsorgenden Bodenschutzes und der Beseitigung von Altlasten, unter Verweis auf die Nutzungsfunktion des jeweiligen Gebietes.

eigner Entwurf nach Kahlenborn; Berlin; 1998; S. 13

Auf Grundlage der hier genannten Entwicklungen, muss der Schluss erfolgen, dass die Wasserwirtschaft in Deutschland nicht nachhaltig ist (Kahlenborn; Berlin; 1998; S. 13). Keines der Prinzipien einer nachhaltigen Wasserwirtschaft wird umfassend eingehalten (ebd.).

5. Fazit

Auch wenn die Wasserwirtschaft aus bestimmten Blickwinkeln besehen dezentral, regenerativ, effizient und nachhaltig zu seien scheint, kommt man bei Betrachtung derselben Frage aus anderem Blickwinkel zu anderen Ergebnissen, je nach Perspektive wird die Antwort eine andere sein, abhängig davon ob nach ökologischen, qualitativen, quantitativen oder ökonomischen Aspekten gefragt wird. Als Beispiel sei nur die qualitative und quantitative Regeneration des Wasserkörpers genannt. Für eine umfassende Beantwortung der Frage ist es nötig neue mehrdimensionale (vgl. Kluge; Berlin; 2005; S. 42) Kriterien und Maßstäbe zu entwickeln.

Diese Sichtweise wird auch durch die WRRL und die Ergebnisse der Bestandsaufnahme, im Rahmen der Umsetzung der WRRL, unterstützt.

Das soeben getroffene Fazit lässt sich auch weitestgehend auf den Bereich der Siedlungswasserwirtschaft übertragen. Bemerkenswert ist für diesen z.B. der negative Zusammenhang von quantitativer und ökonomischer Effizienz. Der zurückgehende Verbrauch, als Zeichen einer mengenmäßigen Nachhaltigkeit und Effizienz, führt hier zu steigenden Kosten, was den Schluss nahe legt, dass für eine umfassende, der Tiefe der Problematik entsprechende Betrachtungsweise, auch hier neue mehrdimensionale Kriterien und Maßstäbe zu entwickeln und einzusetzen sind, auch um auf den demographischen Wandel angemessen reagieren zu können.

Diese Sichtweise wird auch durch die WRRL und die Ergebnisse der Bestandsaufnahme, im Rahmen der Umsetzung, der WRRL unterstützt.

Mit den Prinzipien, Ziele und Handlungsgeboten, wie sie durch die Agenda 21, die EU Wasserrahmenrichtlinie oder durch Walter Kahlenborn und R. Andreas Kraemer genannt wurden, kann eine effiziente, regenerative, dezentrale und nachhaltige Bewirtschaftung der Ressource Wasser erreicht werden.

Literaturverzeichnis

Ahlert, Marlis: Vorlesung Mikroökonomie

Bundesministerium für Umwelt, Naturschutz und Reaktorsicherheit (BMU) [Hrsg.]: Die Wasserrahmenrichtlinie. Berlin; 2005
http://www.bmu.de/files/gewaesserschutz/downloads/application/pdf/wrrl_ergebnisse2004.pdf
(25.10.2006)

Bundesministerium für Umwelt, Naturschutz und Reaktorsicherheit (BMU) [Hrsg.]: Wasserwirtschaft in Deutschland, Teil 1 – Grundlagen. Berlin; 2006
http://www.bmu.de/files/gewaesserschutz/downloads/application/pdf/broschuere_wasserwirtschaft_teil1.pdf
(25.10.2006)

Bundesministerium für Umwelt, Naturschutz und Reaktorsicherheit (BMU) [Hrsg.]: Wasserwirtschaft in Deutschland, Teil 2 – Gewässergüte. Berlin; 2006b
http://www.bmu.de/files/gewaesserschutz/downloads/application/pdf/broschuere_wasserwirtschaft_teil2.pdf
(25.10.2006)

Bundesministerium für Umwelt, Naturschutz und Reaktorsicherheit (BMU) [Hrsg.]: Unser Wasser. Bonn; 2006
http://www.bmu.de/files/gewaesserschutz/downloads/application/pdf/broschuere_unser_wasser.pdf
(25.10.2006)

Haakh, Frieder (2003): Nachhaltige und Liberalisierte Trinkwasserversorgung in Deutschland? In: Stuttgarter Berichte zur Siedlungswasserwirtschaft, Bd. 172 S. 7 - 25

Kahlenborn, Walter: Nachhaltige Wasserwirtschaft in Deutschland. Berlin, 1998
http://www.umweltbundesamt.de/wasser/veroeffentlich/download/nachhaltige_wasserwirtschaft.pdf
(25.10.2006)

Kluge, Thomas: Netzgebundene Infrastrukturen unter Veränderungsdruck-Sektoranalyse Wasser. Berlin; 2003
http://www.networks-group.de/veroeffentlichungen/DF7479.pdf
(25.10.2006)

Kluge, Thomas: Ansätze zur sozial-ökologischen Regulation der Ressource Wasser.
Berlin; 2005
http://www.networks-group.de/veroeffentlichungen/DF9165.pdf
(25.10.2006)

Kluge, Thomas: Kommunales Transformationsmanagement für eine nachhaltige Wasserwirtschaft; 2005b
http://www.networks-group.de/vortraege/DF9286.pdf
(25.10.2006)

Ludin, Daniela: Nachhaltige Wasserwirtschaft durch Synergie.
http://www.wiwi.uni-augsburg.de/vwl/institut/paper/204.pdf
(25.10.2006)

Statistisches Bundesamt [Hrsg.]: Projekt „Gesamtrechnungen für Wasser und Abwasser für Deutschland 1991-1998"; 2002
http://www.destatis.de/download/d/ugr/zusfasergbn.pdf
(13.11.2006)
Abbildung 3: Trinkwasserherkunft
http://www.statistik-portal.de/Statistik-Portal/de_jb10_jahrtabu1.asp
(13.10.2006)

Steinberg, Christian: Nachhaltige Wasserwirtschaft. Berlin; 2002

Umweltbundesamt [Hrsg.]: Aktionsbuch nachhaltige Wasserwirtschaft und lokale Agenda 21.
Berlin; 2001

Umweltbundesamt [Hrsg.]: Nachhaltige Wasserversorgung in Deutschland. Berlin; 2001b